我们必须征服宇宙

中国航天基金会
CHINA SPACE FOUNDATION
本项目由中国航天基金会支持

中国航天奠基人 钱学森的人生传奇

第12册

大成智慧

钱永刚/主编
顾吉环 邢海鹰/编著
上尚印象/绘

小精猫童书

电子工业出版社
Publishing House of Electronics Industry
北京·BEIJING

"你在一个晴朗的夏夜，
望着繁密的闪闪群星，
有一种可望而不可及的失望吧！
我们真的如此可怜吗？
不，绝不！
我们必须征服宇宙！"

《钱学森与大成智慧学》

哥哥，什么是大成智慧学啊？

简单来说，就是引导人们如何尽快获得聪明才智与创新能力的学问，再简单说就是告诉人们如何才能有智慧。

那么复杂啊，我还是听不懂。

是啊，的确复杂，我给你讲一些钱爷爷关于智慧的故事你就懂了。

哥哥，是不是你讲了，我听了，我就有智慧啦？

那怎么可能呢，需要自己长期努力学习和锻炼才行啊！

钱爷爷曾借用近代大哲学家熊十力的量智和性智来解释，即智慧包含两大部分：量智和性智。

哥哥，什么是量智和性智啊？

现代科学体系，如自然、社会、军事等主要表现为量智。

那性智呢？

比如美学、文艺创作和各种文艺实践则表现为性智。

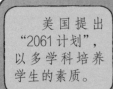

美国提出"2061计划"，以多学科培养学生的素质。

科学素养的导航图
ATLAS OF SCIENCE LITERACY

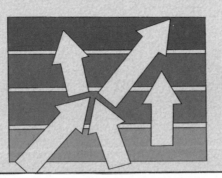

"2061计划"是美国科学教育计划。

"2061计划"提出：面向21世纪的青少年儿童所应具备的科学素养，主要包括科学的世界观、科学探究的方法与科学探究的积极性。

日本拟花重金研究脑科学，用以改革教育事业，提高国民智力。

日本还倡导"脑科学与教育"，将脑科学的原理运用到教育中去。

从这些可以看出，各个国家都在进行教育理论和教育实践的研究。

还是钱爷爷有先见之明，早就在研究大成智慧学了。

大成智慧学是钱学森一直着力思考的时代课题。

钱学森不仅是一名科学家，他同时也是一位教育家。

作为科学家，钱学森为中国导弹、航天事业做出了巨大贡献。

钱学森不仅在教室里给学生上课，也在实际工作中培养各种各样的人才，在教书育人上同样做出了卓越的贡献。

钱学森认为：在我们的中国传统文化中，早就有"集大成得智慧"的传统。

孔子是中国早期的大成智慧者。

他开创了私人讲学风气，有弟子三千，其中贤人七十二。

孔子去世后，由孔子的弟子及其再传弟子编撰整理而成的《论语》被奉为儒家经典。

孔子的智慧就是集中国上古知识之大成得来的，可以说，孔子是集大成的智者。

另一位智者就是老子。

他所著的《道德经》，综合概括了宇宙和人生哲理，流传千古。

南北朝时期的大发明家祖冲之，也是博学多才的集大成者。

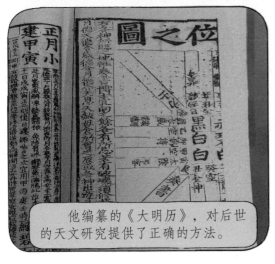

他编纂的《大明历》，对后世的天文研究提供了正确的方法。

他在刘徽开创的探索圆周率的精确方法的基础上，首次将圆周率精算到小数点后第七位。

$$3.1415926 < \pi < 3.1415927$$

钱学森特别指出，在近代史上，毛泽东主席是中华文化集大成者。

毛主席是中国历史上少有的智慧大师。

毛主席的智慧来源于深厚的历史文化底蕴、崇高而坚定的信念、丰富的革命实践。

毛主席当年指挥战争，运筹帷幄，料事如神，创造了许多世界军事史上的奇迹。

辽沈战役

红军过雪山、草地

平津战役

渡江战役

有智慧的人令人敬仰，受人崇拜。

从古至今，那些拥有智慧的人都是有大贡献的人，名垂青史。

又或传道授业，隐居于市……

无论是哪一类，他们的智慧都深深地影响着后来人。

哥哥，你经常说我聪明，那我以后也能成为一个有智慧的人吗？

聪明与智慧可不一样，聪明是一种外在的能力，智慧则是一种内在的境界。

哥哥，我还是不懂！

聪明 智慧

简单说就是，变聪明相对容易，要有大智慧却很难。智慧还能体现一个人的学识和品德！

难怪我们老师经常说"不要小聪明，而要大智慧"。

钱学森是一位中西先进文化的集大成者。

他早年在中国系统地接受了学前、小学、中学、大学教育。

大学毕业后，钱学森又到美国接受了整整20年的西方高等教育和科学技术的熏陶。

回国后，钱学森在繁忙的科研工作之余，仍然博览群书。

通过多年孜孜不倦的钻研，钱学森成为一位学贯中西、知识非常渊博的大学问家。

钱老师，您懂的可真多！

钱学森早年用时技种概程础桥梁。森应究了这的工基间座学事研出学性在和之科术学架起了一

后来在导弹、卫星的研制工作中他又提炼出对航天事业发展具有重大推动作用的航天系统工程理论。

改革开放以后，他将航天系统工程理论加以普遍化，推广到国民经济建设的各个领域。目前，系统工程理论的重要性已被各行各业的工程实践所证明。

钱学森以他的大智慧，将人类有史以来的知识用系统的观点加以梳理，构建出一个"钱学森现代科学技术体系"。

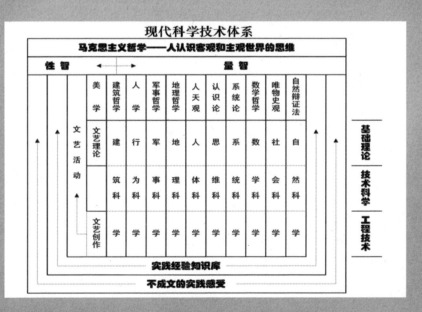

1991年，年届八十的钱学森获得了国务院、中央军委授予的"国家杰出贡献科学家"荣誉称号。

下面，我们有请钱学森同志讲话。

我认为今天科学技术不仅仅是自然科学工程技术……

我们完全可以建立一个科学体系，然后运用这个科学体系去解决我们中国社会主义建设中的问题……

我认为它是人认识客观世界、改造世界的整个体系，这个体系的最高概括是马克思主义哲学。

会后，众多学者围着钱学森，请他稍微详细地给大家讲讲这个科学体系。

这个体系有11大部门，我们把体系中的每个科学技术部门分为三个层次去理解。

第一个层次：基础科学，可以理解为认识客观世界基本规律的学问。

第二个层次：技术科学，可以理解为给工程技术提供理论支持的学问。

第三个层次：工程技术，可以理解为改造世界的学问。

大家一边听钱学森讲解，大家一边如饥似渴地记录着，感到兴奋不已。

钱爷爷认为建立在现代科学技术体系上的大成智慧是人机结合的智慧。

原来这就是大成智慧。

是的，钱爷爷还专门设计了21世纪中国的大成智慧教育体制呢！

是什么样的体制啊？

4岁入学，10年一贯制，14岁高中毕业，再读4年大学，18岁就可以本科毕业啦！然后读硕士。

4岁入学
高中毕业
大学4年
硕士毕业

哇！14岁就高中毕业啦，多好啊！

按照钱爷爷的设想，4岁到12岁，是打基础；12岁到17岁，是高中加大学，完成学业；最后一年是实习，学成一个行业的专家。

这样的毕业生，是全才，毕业后可以立即进入行业工作。

万一这个行业不适合呢？

如果确实不适合，换一个行业，学一段时间也可以成为行家啊！

钱爷爷的教育思想好超前啊!

要成为有智慧的人才,要求可是很严格的。

哥哥你快给我说说还有哪些要求。

要成为一个有大成智慧的人,不是那么容易的。

熟悉现代科学技术体系和网络技术;理、工、文、艺结合;还要懂军事科学等。

看来我要更努力才行！

当然，我们都需要努力，现在就可以开启你迈向智慧之门的步伐了！

哥哥，钱爷爷那么厉害，是不是因为他是集大成者、有智慧的人？

是的！正是因为钱爷爷有大智慧，他才有了那些大成就。

好吧！

那你再给我说说钱爷爷大成智慧的具体表现吧！

1944年，德军在第二次世界大战中节节败退，希特勒不甘心输掉战争，于是使用了秘密武器。

向英国发射V-1火箭和V-2火箭！

在超过1万枚火箭的密集打击下，英国各大城市被炸得面目全非。

为了与德军抗衡，美军找到了冯·卡门教授和钱学森。

我希望你们能研究出新式导弹对抗德军。

经过无数个不眠夜，他们成功研制出了在当时无论是射程还是威力都处于顶尖级别的下士导弹。

在新式导弹的研究过程中，钱学森提出了一个"助推—滑翔"弹道的想法，后人称之为"钱学森弹道"。

70年后的今天，世界上的技术强国都在以"钱学森弹道"为基础，研制高超声速飞行器。

1947 年，钱学森在美国麻省理工学院做了题为《飞向太空》的学术报告。

在报告中，钱学森讲述了火箭的历史、原理和发展状况以及火箭未来的前景。

人类终将有一天能通过火箭前往太空，不出 30 年，人类将实现登月，重新掀开人类星际航行事业的新篇章。

1969 年 7 月 21 日，美国阿波罗 11 号载人飞船登上了月球，实现了钱学森 22 年前的预言。

1992年，钱学森提出了"山水城市"的概念。

孔子曰，"智者乐水，仁者乐山"，这也成为影响后世自然美学思想的重要观念。

1958年钱学森在《人民日报》上发表了题为《不到园林，怎知春色如许——谈园林学》的文章。

我们应该更广泛地和更深刻地来考虑发展中国园林学的问题。中国民族文化遗产中这粒明珠一定会放出前所未有的光彩。

1990年7月31日，钱学森在写给清华大学建筑学家吴良镛的信件中，首先提出了"山水城市"一词。

在中国城市快速发展的背景下，城市建设中也出现了千城一面、生态环境遭到破坏、城市文化特色流失等诸多问题。

钱学森提出的"山水城市"理论和构想符合世界城市化发展的生态化、可持续化大趋势，也具有中国传统园林特色。

2021年，"纪念钱学森诞辰110周年暨'山水城市'学术论坛"上，研讨了钱学森"山水城市"理论在新时代背景下的传承、发展与实践。

此次研讨会正好论证了钱学森提出的低碳、宜居新型生态城市建设理念。

1955年，钱学森在回国前，已是一位拥有十几年驾龄的老司机。

钱学森在享受驾驶乐趣之际又切身感受到"污染、噪声、杂乱、拥挤"。

而在20世纪40年代后期，欧美一些国家已经注意到"轿车文明"带来的副作用。

1987年，钱学森以中国科协主席的身份访问英国和联邦德国。

除了这些，钱学森还预言了21世纪中国人的饮食问题。

钱学森从20世纪80年代开始关注中国饮食文化。

钱学森把饮食文化定义为社会主义文化建设的一部分。他认为，随着经济社会发展的加快，人们的饮食方式将发生变化。

钱学森晚年曾提出要大力发展快餐业。

研究快餐业将会引发一件大事，是未来中国饮食的一场革命，也是21世纪的发展方向。

不仅如此，他还基于供销渠道和烹饪工业化视角提出"快餐店网送"的思路。

我们认为一条必然的路是从家庭厨房操作走向饮食由快餐店网送，形成烹饪工业化。

而这些，现在都已经变为了现实，快餐、外卖已经成为现代人生活中不可或缺的一部分了。

1995 年 1 月。

我近来一直在考虑 21 世纪中国人的饮食问题，我和您认识的陶文台教授讨论，我们认为一条必然的路是从家庭厨房操作走向饮食由快餐店配送，形成烹饪工业化。

　　钱学森在倡导饮食文化的同时，反对大吃大喝、铺张浪费，他说："坚决拒绝吃喝风、豪华风，不然美食将变成丑食！"

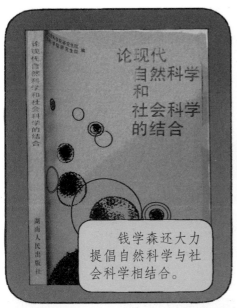

钱学森还大力提倡自然科学与社会科学相结合。

有一次，经济学界的薛暮桥和自然科学界的钱学森不期而遇。

怎样更有效地利用自然科学知识为社会科学，特别是为经济发展服务，是个重要的问题。

经济学家根据经验，提供经济课题，并说明经济现象的内在联系和发展趋向，自然科学家和系统工程专家可帮助经济学家进行定量分析。

是的，在这方面，仅靠一方的努力，"孤掌难鸣"啊！

自然科学与经济科学的结合应进一步引起大家的重视。

我建议多建立一些实体，专门从事经济系统工程的研究和实践。

要通过经济学家和自然科学家的合作，促使自然科学在经济管理方面发挥重要作用。

钱学森从 20 世纪 80 年代初开始构建现代科学技术体系。

要实现"大成智慧教育"和"人机结合",现代科学技术体系是一门必修课。

我们在做未来的事情,所以才会有"悠悠历史感"。

大成智慧强调的是大跨度掌握知识,大跨度思维考虑问题,以全局的、系统的视角看待问题。

科技和教育将成为影响发展的关键因素。

谁占领了战略的制高点,就会赢得竞争的胜利。

后记

　　《我们必须征服宇宙》在大家的共同努力下就要付梓了，我们高兴之余也如释重负。钱学森的大名几乎人人皆知，他的事迹耳熟能详，国人评价他为"航天之父""导弹之父""民族英雄"，中央评价他为"享誉海内外的杰出科学家，爱国知识分子的典范"。我们一直在思考如何弘扬和传承钱学森精神的问题，社会上关于钱学森的书籍，虽林林总总有很多版本，但继续以新的形式宣传依然是需要的。为了贯彻习总书记的讲话精神，我们决定要为少年儿童编写一部适合他们阅读的出版物，如何编写好，如何让少年儿童读懂，这对我们来说是个挑战。

　　我们不断地阅读、整理、学习有关钱老的相关书籍和资料，力争把钱老最精彩、最有意义的故事和事迹挖掘出来，让小读者们开卷有益。好在我们有着得天独厚的优势：书的主编是钱老的儿子钱永刚教授，他一直在孜孜不倦地做着宣传父亲思想和精神的各项工作，他还是上海交通大学钱学森图书馆的馆长；一位编者是钱老生前秘书，也长期从事钱老思想和精神的整理、研究、宣传工作；另一位编者是参与出版过《钱学森书信》《钱学森文集》等钱老著作的出版人，对出版钱老出版物很有心得。大家对钱老既有感情，也有比较深刻的认识和理解，同时也掌握了众多第一手资料。我们和电子工业出版社少儿出版中心合作多年，已出版了多本有关钱老的书籍，如目前唯一人物立体书《大科学家钱学森》《你好，钱学森：成长启示》等，很受读者的欢迎。继续选择与他们合作，也是出好书的重要保证。

　　我们和出版社的编辑多次商讨，究竟以什么形式，来呈现钱老伟大的一生和其独到的思想、精神、相关的科普知识更合适呢？最后决定选用漫画书这种对小读者来说喜闻乐见的形式。

根据钱老不平凡的人生经历，我们对展示内容做了划分，从第一册到第七册以时间为轴，展现钱老的事迹和贡献，第八册展现钱老对后人的培养，第九册和第十一册展现钱老一生的治学特点和方法，第十册重点展现钱老的品德，最后一册展现钱老晚年的创新成就。

　　这样的内容划分，我们请教过一些专家，他们都认为有特点，既有纵向深度也有横向展开，内容比较系统、全面。虽不是传记，但小读者阅读后对这位大科学家也会有相当程度的了解，希望其内容触及小读者的心灵。

　　漫画书离不开画家，为了准确地反映钱老风貌，出版社责编找了多位画家来尝试完成这个作品，最终选定了上尚印象创作室来承担这项任务。为此，我们和责编还专程前往上尚印象创作室所在地长春，与之沟通，交换意见，确定人物绘画原则和绘画步骤。在绘画创作过程中，我们、责编和上尚印象创作室沟通不断，反复修改，直到满意为止。

　　漫画书得以出版凝聚了众多人的心血，特别是出版社的各级领导以及少儿出版中心的负责人都给予了大力支持。责编季萌同志对此工作更是十分重视，全方位统筹和把关，从绘画到文字再到封面设计等精心编校，付出了艰辛和努力。大家只有一个目标，那就是立争打造出一部关于大科学家的漫画精品。

　　这是一套集体创作完成的书，付梓之前，写下这篇后记，感谢对本书的问世做出贡献的所有人。虽有如释重负之感，但也战战兢兢，书中无论是内容还是漫画，都会有不足、不妥之处，敬请小读者们指出，先行表达感谢之意。

　　我们只有一个心愿，希望读者小朋友们健康成长，成为像钱学森那样为祖国做贡献的人。

编者

探索浩瀚宇宙，
发展航天事业，
建设航天强国，
是我们不懈追求的航天梦。

图书在版编目（CIP）数据

我们必须征服宇宙. 第12册 / 钱永刚主编；顾吉环，邢海鹰编著；上尚印象绘. -- 北京：电子工业出版社，2023.9
ISBN 978-7-121-45988-7

Ⅰ.①我⋯ Ⅱ.①钱⋯②顾⋯③邢⋯④上⋯ Ⅲ.①航天－少儿读物 Ⅳ.①V4-49

中国国家版本馆CIP数据核字（2023）第131796号

责任编辑：季　萌
印　　刷：当纳利（广东）印务有限公司
装　　订：当纳利（广东）印务有限公司
出版发行：电子工业出版社
　　　　　北京市海淀区万寿路173信箱　邮编：100036
开　　本：889×1194　1/16　印张：36　字数：223.2千字
版　　次：2023年9月第1版
印　　次：2023年9月第1次印刷
定　　价：248.00元（全12册）

凡所购买电子工业出版社图书有缺损问题，请向购买书店调换。若书店售缺，请与本社发行部联系，联系及邮购电话：（010）88254888，88258888。
质量投诉请发邮件至zlts@phei.com.cn，盗版侵权举报请发邮件至dbqq@phei.com.cn。
本书咨询联系方式：（010）88254161转1860，jimeng@phei.com.cn。